S0-ARY-378

SCHOLASTIC INC.
New York Toronto London Auckland Sydney

Basado en un episodio de la serie de dibujos animados, producida para la televisión por Scholastic Productions, Inc. Inspirado en los libros del *Autobús mágico*, escritos por Joanna Cole e ilustrados por Bruce Degen.

Adaptación para la televisión de Linda Ward Beech.
Traducción de Susana Pasternac.
Ilustraciones de Carolyn Bracken.
Guión para la televisión de John May y Jocelyn Stevenson.

ISBN 0-590-62236-6

12 11 10 9 8 7 6 5 4 3 2 8 9/9 0/0

Printed in the U.S.A. 23

First Scholastic printing, October 1995

—¡Ah, el olor de una naranja podrida! —la señorita Frizzle estaba entusiasmada. Nuestra clase tenía un concurso de la podredumbre más repugnante, y la naranja de Ralphie estaba verdaderamente podrida. Los jueces le concedieron taparse dos veces la nariz y un desmayo.

La ciencia es algo muy diferente en la clase de la señorita Frizzle.

Luego le tocó el turno a Wanda. En un tubo traía algo completamente podrido. Estaba todo negro y mohoso.

—Ha estado en mi nevera desde que cumplí cuatro años —explicó Wanda.

La Friz estaba impaciente por ver lo que era. Fuera lo que fuera, los jueces le concedieron tres desmayos. Fue la ganadora.

—Para felicitarte —dijo la señorita Frizzle—, tengo un premio para ti. Y le entregó a Wanda un arbolito plantado en una maceta.

Wanda pareció dudar.

—Me gusta mucho—dijo—, pero, ¿no estará podrido o algo por el estilo, no?

—Está tan. . . vivo —dijo Keesha.

—Tienes razón, Keesha —dijo la Friz—. ¡Está bien vivo! ¡Igual que la desintegración!

¿De verdad? Quedamos muy sorprendidos.

Wanda dijo que quería plantar su árbol en un solar vacío cerca de su casa.

—Al autobús, clase. De dos en dos —dijo la señorita Frizzle. Y en un santiamén, estábamos en la ciudad.

Por el camino, Keesha preguntó: —¿Por qué quieres poner tu árbol tan lindo en ese solar tan feo?

—Está lleno de cosas muertas —agregó Carlos.

—Por eso mismo —explicó Wanda—. Así el solar se verá más bonito. Sacaremos todas las cosas muertas y plantaremos mi precioso arbolito.

—El árbol será hermoso cuando crezca —nos dijo Wanda—. El lote vacío se transformaría en un pequeño parque. ¡Lo podríamos llamar Parque Wanda!

—¿Qué tal si hacemos un parque de atracciones? —sugirió Carlos.

—¡Y como atracción central, la podredumbre! —gritó Dorothy Ann—. ¡Lo llamaríamos Parque Podrido!

Keesha quería abrir un restaurante. Phoebe quería construir un centro de reciclaje. Wanda tenía otros planes.

El autobús se detuvo frente al solar.

—Señorita Frizzle, voy a echar un vistazo —dijo Wanda.

La señorita Frizzle asintió, y, mientras Wanda se alejaba, le gritó:
—¡Arriésgate! ¡Ensúciate! ¡Mete la pata!

Mientras pensábamos en las diferentes formas de usar el solar, Wanda vio un cartel:

Sin decírselo a nadie, Wanda corrió a un teléfono y llamó a Larry. Él le prometió que llegaría enseguida para limpiar el solar.

Cuando Wanda volvió al autobús, todavía estábamos discutiendo qué íbamos a hacer.

De repente, Arnold gritó: —¡Un momento! ¿Por qué no dejamos este lugar como está? Si se deja a la Naturaleza por su cuenta, se las arregla sola de lo mejor.

Wanda no estaba de acuerdo.

—Hay que sacar ese tronco podrido. ¡Está muerto! No sirve para nada —dijo Wanda—. ¡Por favor, mírenlo!

La señorita Frizzle no necesitó oír una sola palabra más.

—Ajústense los cinturones —ordenó la Friz. El autobús empezó a sacudirse y a achicarse con nosotros adentro. Cuando nos dimos cuenta, ya éramos bien pequeñitos y el autobús iba sobre el tronco del solar.

—Vamos a averiguar cómo se relaciona lo podrido con la vida —explicó la Friz.

A Wanda parecía que no le gustaba la excursión.

—¡Tenemos que irnos! —continuaba gritando.

Todos los demás andábamos esquivando escarabajos, termitas y una ardilla listada. Nos parecían muy grandes porque nosotros éramos muy chiquititos.

En ese momento, Ralphie señaló un agujero.

—Aquí empieza nuestra excursión podrida —dijo la Friz. Y nos condujo por el agujero al interior del tronco. Entramos por un túnel oscuro.

De repente, escuchamos un sonido raro. Era un pájaro carpintero que buscaba su cena.

—No se preocupen —dijo la señorita Frizzle—. Los pájaros carpinteros sólo comen insectos.

El problema estaba en que éramos del tamaño de los insectos.

Algo grande y alarmante se acercó a nosotros desde el fondo del túnel. La señorita Frizzle dijo que era una clase de escarabajo.

—Ellos construyen los túneles en el leño —nos explicó.

Nos alegramos al ver que el autobús se achicaba para pasar por el túnel. Aunque parecía algo diferente, lo seguimos dentro del túnel.

Llegamos a un lugar donde había un montón de filamentos. Dorothy Ann nos dijo que procedían de los hongos que crecían de lado de afuera del leño.

—Según mis investigaciones, se comen la madera y ayudan a descomponer el leño —dijo.

—¿Quién hubiera creído que un leño muerto tendría tanta vida? —dijo Keesha.

Wanda todavía estaba tratando de sacarnos de allí.

—Alguien nos va a comer —nos advirtió.

A la Friz no le importó. Saltó sobre algo pegajoso y nos gritó que la siguiéramos.

—Es limo, una especie de hongo —explicó—. Otro ser viviente que vive del tronco.

La señorita Frizzle nos señaló una familia de ratones que dormían en el tronco.

—¿Ven? El tronco alberga a algunos animales —dijo.

—¿Saben? —dijo Dorothy Ann—. Creo que este lugar es maravilloso y estupendo tal como es.

—¡Esperen! —dijo Wanda—. ¿Qué pasó con lo de sacar el tronco?

—Perdona, Wanda. Hemos cambiado de idea —le dijo Carlos.

—¡Bienvenidos al Club Deja el Tronco Donde Está —dijo Arnold, entregando insignias especiales a Dorothy Ann y a Carlos.

—¡Clase, es hora de almorzar! —anunció precisamente en ese momento la Friz. Todos estábamos muy hambrientos, pero el menú nos dejó con la boca abierta.

—¿Bocaditos de tronco? ¿Empanadillas de aserrín? ¿Pudín de corteza? —ofreció la señorita Friz.

Cuando Ralphie pidió comida de verdad, ella dijo:

—El tronco *es* comida. Eso es lo más lindo de todo.

Y les recordó todos los seres vivientes que se alimentaban y obtenían energía del tronco.

—Vámonos de aquí y abramos nuestro propio restaurante —dijo Wanda. Mientras, pasó corriendo un escarabajo tras una larva.

—El escarabajo va a almorzar larva —dijo Ralphie.

—Exacto —asintió Keesha—. Es hora de almorzar para todos.

Ralphie estuvo de acuerdo: —Este lugar *ya* es un restaurante. Lo siento, Wanda, ya no queremos limpiar este lugar.

—Dos miembros más para el Club Deja el Tronco Donde Está —gritó Arnold. Y entregó insignias a Keesha y a Ralphie.

Llegamos a una parte verdaderamente podrida del tronco.

—La descomposición desmenuza todo en pedacitos. ¿No les parece fantástico? —suspiró la Friz señalando algunos ejemplos de putrefacción.

—Está bien —dijo Wanda—, pero estas criaturas dejan caer un montón de basura. ¡Quiero decir, excrementos!

—Los excrementos se los comerán otros insectos —le dijo Phoebe.

—Es reciclaje natural —agregó Tim.

A Wanda le pareció muy grosero, pero la señorita Frizzle dijo que todo eso era parte de la descomposición.

—Bueno, me rindo —dijo Wanda—. *¡Pero ahora, vámonos de aquí!*

Pero Keesha nos llamaba desde el extremo del tronco podrido. Había encontrado algo.

—¡Miren qué tierra más fecunda! —exclamó.

—Es perfecta para tu árbol, Wanda —dijo Arnold. Todos corrimos hacia ella. Arnold y Keesha comenzaron a cantar.

“El Rap de la descomposición”

Un tronco muerto, en tu jardín empieza a envejecer
y tú quieres hacerlo desaparecer.

Aunque podredumbre trae consigo,
ese tronco no será nunca tu enemigo.

¿Te preguntas cómo se descompone?
Los hongos y los insectos se lo comen.

La nieve lo cubre, la lluvia lo moja,
Se transforma en tierra,
luego en árbol con hojas.
Todo se renueva. La Friz te explicará
¡Ese tronco a respirar te ayudará!

Por fin, Wanda comprendió.

—Este lugar es perfecto, así como es. No debemos sacar el leño — nos dijo a todos.

Pero en ese momento la puerta de un coche se cerró.

—Sólo que hay un problema —dijo Wanda.

—¿Cuál? —preguntó Carlos.

—Larry —dijo Wanda, tragando saliva al sentir una bota posarse cerca de donde ella estaba. El suelo tembló y nosotros también.

Empezamos a correr.

—Por aquí, niños —llamó la señorita Frizzle, y nos escondimos debajo del tronco. Afuera, se escuchaba el ruido de una sierra eléctrica.

—¿Quieres decirnos algo? —le preguntó la Friz a Wanda.

Entonces, nos enteramos de que Wanda había llamado a Larry. La pobre, no sabía dónde meterse. Y nosotros tampoco.

Mientras temblábamos y nos lamentábamos, a Wanda se le ocurrió una idea. Se la explicó a la señorita Frizzle.

—Buena idea —dijo la Friz, lanzando un silbido al autobús.

—Vamos, chicos, necesito la ayuda de todos —dijo Wanda, y todos comenzamos a desenterrar el autobús.

Luego Wanda abrió un compartimiento del autobús y nos repartió unos extraños disfraces.

—¡Pónganse esto rápidamente! Haremos de duendecitos del tronco.

—¿En serio? —dijo Ralphie.

Sí, Wanda no bromeaba. Nos pusimos los disfraces, subimos al autobús, nos abrochamos los cinturones y nos preparamos para el despegue. El autobús voló hacia el casco de Larry en el momento en que iba a serruchar el tronco.

Nos empezamos a bajar y Wanda empezó a gritarle a Larry. Larry estaba sorprendido. Nunca había visto duendes.

—¿Qué ves cuando miras a tu alrededor? —le preguntó Wanda.

—Lo de siempre —contestó Larry.

—Pues, mira de nuevo —dijo Wanda. Y le contó todo sobre los seres que vivían en el tronco. Le explicó que la podredumbre es algo extraordinario y necesario.

—Todas esas criaturas forman parte del escuadrón de la desintegración de la Naturaleza. Así es como la Naturaleza se recicla y transforma lo viejo en nuevo —le dijo.

Y lo mismo hicimos nosotros.

—Duendes del tronco —oímos que murmuraba—. ¿Cómo es que nunca antes oí hablar de ellos?

—Lo de los duendes fue una idea genial —dijo Arnold.

—Gracias, Arn —dijo Wanda—, pero de ahora en adelante voy a dejar tranquila la putrefacción.

Cuando volvimos al salón de clases, nos esperaba otra sorpresa. El balde con la podredumbre de nuestro concurso olía tan mal que era imposible ignorarlo.

—Regresemos todos al autóbús —dijo Wanda. —Se me ocurrió otra idea inmunda.

No podíamos creerlo.

—La podredumbre es parte importante de la naturaleza —dijo—. Suministra alimentos a otras formas vivas. ¡Esta podredumbre será un manjar para mi árbol!

—Como yo dije siempre, no tiene que ser delicioso para ser nutritivo —dijo la señorita Frizzle.

—Todos nos reímos. Luego Wanda recicló nuestra podredumbre allí mismo en el lote.

s ideas podridas

ring

ductor: Hola. Aquí, el autobús mágico.

que llama: Ese sí que fue un espectáculo podrido.

ductor: Gracias.

que llama: Pero no todas las cosas podridas están llenas insectos.

ductor: Exacto. Mucha podredumbre es causada por cosas demasiado ueñas para ser vistas —como las bacterias.

que llama: Entonces, ¿por qué no hubo bacterias en el espectáculo?

ductor: Íbamos a reducirnos al tamaño de bacterias, pero Arnold quiso.

que llama: ¿Existe algo que no se pudra?

ductor: No, si alguna vez estuvo vivo. Las plantas, los animales, bacterias, todo se descompone cuando se muere.

que llama: Un tronco cayó cerca de mi casa. ¿Cuándo empezará a drirse?

oductor: Ya empezó, pero la descomposición puede llevar mucho mpo, hasta años.

que llama: Otra cosa. Usted dejó fuera a una de mis criaturas eferidas: la lombriz de tierra.

oductor: ¡Oh!

que llama: Las lombrices son excelentes cuando se trata de comer, ar y mejorar la tierra.

oductor: Entonces, hay que dejarlas que hagan eso.

que llama: ¿Qué pasaría si las cosas no se pudrieran?

oductor: La tierra no recibiría las sustancias nutritivas cesarias para que las plantas crezcan. Y entonces las antas morirían.

que llama: Una cosa más. ¿Existen de verdad duendes de s troncos?

oductor: Bueno, eh. . . Larry se lo creyó.

que llama: Ummm. . .

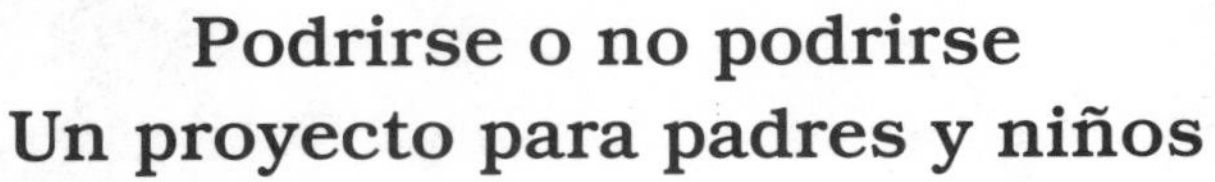

Podrirse o no podrirse
Un proyecto para padres y niños

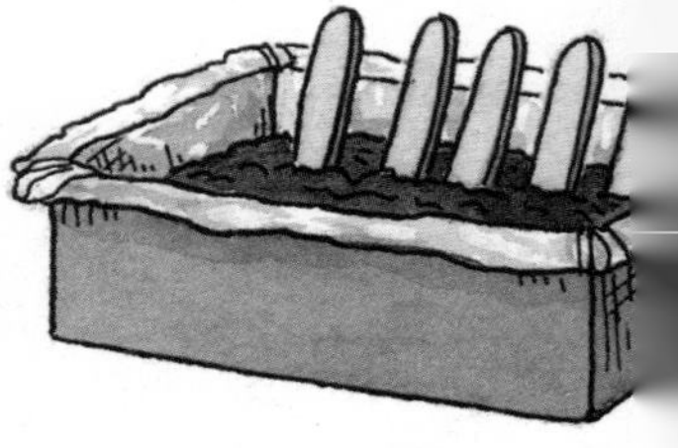

La clase de la señorita Frizzle aprendió que la putrefacción es importante. Descompone las cosas y ayuda a la tierra. Entonces, ¿qué ocurre con las cosas que no se pudren? Prueba esto y averígualo.

1. Forra el interior de una caja de zapatos con plástico.
2. Llénala hasta la mitad con tierra del exterior.
3. Entierra cinco cosas a unas pulgadas de profundidad: algunas uvas, un imperdible, un pedazo de papel, una hoja de lechuga, un lapicero.
4. Marca cinco palitos con los nombres de las cosas que enterraste. Planta los palitos como indicadores.
5. Haz una gráfica como la de abajo. Di lo que piensas que ocurrirá. Después de unas semanas, mira qué ocurre.

Basura	Mi predicción	Mi observación
uvas		
imperdible		
papel		
hoja de lechuga		
lapicero		

Algo para pensar: ¿Qué ocurre con las cosas que se pudren cuando las tiras? ¿Qué ocurre con las cosas que no se pudren? ¿Por qué es importante reciclar las cosas que se pudren?